Siddhan Sivakumar
I. Idhayaraja

Melhorar a energia eólica: Conceção e fabrico de uma levitação magnética

Siddhan Sivakumar
I. Idhayaraja

Melhorar a energia eólica: Conceção e fabrico de uma levitação magnética

Tecnologia renovável de ponta: Um estudo exaustivo sobre a conceção e o fabrico de moinhos de vento Maglev

ScienciaScripts

Imprint
Any brand names and product names mentioned in this book are subject to trademark, brand or patent protection and are trademarks or registered trademarks of their respective holders. The use of brand names, product names, common names, trade names, product descriptions etc. even without a particular marking in this work is in no way to be construed to mean that such names may be regarded as unrestricted in respect of trademark and brand protection legislation and could thus be used by anyone.

Cover image: www.ingimage.com

This book is a translation from the original published under ISBN 978-620-7-64827-6.

Publisher:
Sciencia Scripts
is a trademark of
Dodo Books Indian Ocean Ltd. and OmniScriptum S.R.L publishing group

120 High Road, East Finchley, London, N2 9ED, United Kingdom
Str. Armeneasca 28/1, office 1, Chisinau MD-2012, Republic of Moldova, Europe
Printed at: see last page
ISBN: 978-620-7-66142-8

Tecnologia de ponta para as energias renováveis: Um estudo exaustivo sobre a conceção e o fabrico de moinhos de vento Maglev

S. Sivakumar[1] *, Idhayaraja.I[2] .

Departamento de Engenharia Mecânica, Faculdade de Tecnologia de Kumaraguru, Coimbatore, 641049, Tamil Nadu, Índia.
[2,] Departamento de Engenharia Mecânica, Faculdade de Tecnologia de Kumaraguru, Coimbatore, 641049, Tamil Nadu, Índia.

*Autor(es) correspondente(s). E-mail(s):
sivakumar.siddhan.mec@kct.ac.in

RESUMO

Um objeto é suspenso utilizando apenas campos magnéticos num processo conhecido como levitação magnética, frequentemente conhecido como maglev ou suspensão magnética. Para atenuar os efeitos da aceleração da gravidade e de quaisquer outras acelerações, é aplicada uma pressão magnética. A principal vantagem de um moinho de vento maglev em relação a um convencional é que, como o rotor está a flutuar no ar devido à levitação, o atrito mecânico é eliminado. Isto torna a rotação possível em velocidades de vento muito baixas. As turbinas eólicas Maglev são superiores às turbinas eólicas convencionais em vários aspectos. Por exemplo, são capazes de empregar ventos que têm velocidades iniciais de 3 m/s. Além disso, podem funcionar com rajadas de mais de 25 m/s. A nossa turbina eólica maglev pode produzir 1,4 KW por semana, mas as maiores turbinas eólicas do mundo atualmente só conseguem produzir 5 MW de energia. Foi desenvolvido um modelo matemático de levitação magnética para obter condições de funcionamento estáveis para o Maglev VAWT a baixa velocidade. Com a utilização do modelo matemático para conceber um Maglev VAWT, é muito barato e tem baixos custos operacionais para transformar a energia eólica em energia eléctrica. Devido à ausência de fricção, a levitação magnética permite a conversão de energia com muito menos ruído do que os actuais moinhos de vento convencionais. Utiliza eficazmente fontes de energia renováveis e não poluentes. São utilizados dispositivos de baixa tensão, o que os torna seguros para instalação e utilização. A utilização do fenómeno de levitação magnética no VAWT reduz a vibração em cerca de 36% a 38%. Além disso, conclui-se que a potência gerada com o sistema de levitação magnética aumenta em 30% em comparação com a turbina eólica normal, utilizando fios de calibre 42 de 500 voltas cada como bobinas para a geração de energia.

Índice

1. INTRODUÇÃO

A energia renovável é geralmente a eletricidade fornecida por fontes como a energia eólica, a energia solar, a energia hidroelétrica e várias formas de biomassa. Devido à sua constante renovação e versatilidade, estas fontes receberam o nome de renováveis. Devido ao esgotamento das técnicas tradicionais de produção de energia e à crescente consciencialização dos seus impactos ambientais negativos, as energias renováveis registaram um aumento considerável de popularidade nos últimos anos. O vento é uma forma de energia solar. É uma fonte de energia natural que pode ser utilizada de forma económica para produzir eletricidade. A forma como o vento é criado resulta do facto de a atmosfera do sol causar áreas de aquecimento irregular. Em conjunto com o aquecimento desigual do sol, a rotação da terra e a rocha da superfície da terra, formam-se ventos. O termo energia eólica ou potência eólica descreve o processo pelo qual o vento é utilizado para gerar energia mecânica em eletricidade. A energia cinética do vento é transformada em energia mecânica por turbinas eólicas. Esta energia mecânica pode ser utilizada para determinadas actividades (como moer cereais ou bombear água) ou transformada em eletricidade através de um gerador. Utilizando uma turbina eólica, a energia do vento é transformada em energia eléctrica. O vento faz girar as pás, que fazem girar um eixo, que se liga a um gerador e produz eletricidade. A conceção da turbina eólica Maglev difere significativamente da conceção das hélices tradicionais. As suas principais vantagens são a utilização de rolamentos sem fricção, um design de levitação magnética e o facto de necessitar de menos espaço do que as turbinas eólicas tradicionais. Além disso, requer pouca ou nenhuma manutenção. O conceito original de funcionamento destes projectos utiliza a levitação magnética. Diz-se que a levitação magnética é uma tecnologia de energia eólica muito eficaz. Os rolamentos de esferas não são necessários, uma vez que as pás da turbina eólica orientadas verticalmente estão suspensas no ar. As vantagens de uma turbina eólica maglev são o contacto mecânico zero e a fricção zero.

Minimizar o amortecimento na turbina eólica de levitação magnética, o que permite que a turbina eólica arranque com vento de baixa velocidade e funcione com brisa. As turbinas eólicas Maglev são superiores às turbinas eólicas convencionais em vários aspectos. Podem utilizar ventos, por exemplo, que são capazes de começar a 1,5 metros por segundo (m/s). Para além disso, podem funcionar com rajadas de mais de 25 m/s.

2. REVISÃO DA LITERATURA

2.1. ESTUDO DA TURBINA

Nos últimos 2000 anos, a introdução e a utilização de turbinas eólicas parecem ter sido orientadas mais pelo acaso dos entusiastas do que por incentivos governamentais em todo o mundo. Como resultado, embora o vento seja uma fonte de energia significativa, ainda é subutilizado. Em 1983, Otto De Vries publicou uma revisão das características aerodinâmicas das turbinas eólicas de eixo horizontal para conversão de energia eólica. Em 1984, P. D. Fleming e S. D. Proben investigaram as possibilidades da energia eólica e explicaram como as turbinas eólicas evoluíram. Em 2007, Scott J. Schreck e Michael C. Robinson publicaram a obra Experiments and Modelling on Horizontal Axis Wind Turbine Blade Aerodynamics. Em 2016, Yan Li apresentou um estudo pormenorizado sobre turbinas eólicas de eixo vertical e o seu desenvolvimento histórico em 2019. Em 2019, G.P. Ramesh e C.V. Aravind investigaram o aspeto de conceção da forma e da posição da pá para a MAGLEV VAWT

1.2 ESTUDO ANALÍTICO

À medida que a necessidade de energia da indústria cresce exponencialmente, o fabrico de sistemas de energia eólica surgiu como uma área de preocupação significativa. Os parâmetros de energia eólica têm sido utilizados para estudar a ligação entre os parâmetros de energia eólica e a energia relativa subsequente. Em 2012, R. K. Tyagi realizou uma investigação sobre as variáveis que afectam a energia eólica (como os tipos de gás, a velocidade do gás, o diâmetro das pás, etc.). Em 2012, Jayanna Kanchikere criou um modelo matemático utilizando Simulink que examina os factores aerodinâmicos que têm impacto na potência gerada pelas turbinas eólicas. Em 2014, C. Marimuthu e V. Kirubakaran desenvolveram um modelo matemático para examinar os factores que influenciam a quantidade de energia eléctrica produzida pelas turbinas eólicas. (H-VAWT). Em 2017, M. H. El- Ahmar et al. analisaram os factores mais importantes que afectam a produção de energia dos sistemas eólicos. Num estudo numérico metódico publicado em 2019, Jianyang Zhu e Changbin Tian exploraram o impacto da relação de atrito de rotação na capacidade de extração de energia de uma turbina eólica de eixo vertical do tipo H de rotação passiva. Além disso, é apresentado um modelo matemático para a energia eólica e é investigada a influência de tais parâmetros na energia eléctrica gerada pela turbina eólica.

2.2 LEVITAÇÃO MAGNÉTICA

A levitação magnética é uma técnica que permite suspender um objeto utilizando apenas campos magnéticos como suporte. Em 1998, Richard. F. Post e Walnut Creek descobriram que as forças magnéticas de repulsão são utilizadas para levitar objectos a alta velocidade. Ikbal M.M. Hassan e Abdelfatah. M. Mohamed publicaram os resultados da estabilidade face a perturbações de parâmetros em 2001. P. Suster e A. Jadlovska investigaram a conceção de algoritmos de controlo para a levitação magnética em modo de simulação não linear em 2010. V. Bojarevics, A. Roy e K.A. Pericleous relataram em 2010 que os cálculos da força de levitação magnética repulsiva para o rácio campo magnético - peso para remover vibrações.

2.3 CONCEPÇÃO E OPTIMIZAÇÃO DE UMA TURBINA DE LEVITAÇÃO MAGNÉTICA

A criação de um projeto adequado de VAWT abrirá novas possibilidades para a utilização generalizada destes dispositivos. A instalação de turbinas eólicas de eixo vertical (VAWT) em telhados de edifícios ou no solo é bastante simples em ambientes urbanos. Numa investigação realizada por David MacPhee e Asfaw Beyene no ano de 2012, é apresentada uma panorâmica de vários estudos relativos à conceção do rotor e aos ensaios de turbinas eólicas de eixo vertical (VAWT), tanto de elevação como de arrasto. A fim de aumentar a eficácia deste tipo de turbina eólica, Ghulam Ahmad e Uzma Amin construíram uma turbina eólica de eixo vertical (VAWT) de pequena escala com um gerador de ímanes permanentes de fluxo axial (AFPM) e utilizaram a técnica de levitação magnética em 2017. Em 2018, Sahishnu R et al utilizaram a simulação para criar um modelo matemático que incluía o coeficiente de potência eólica, o rácio da velocidade da ponta, a mecânica e a eletricidade subcomponentes. Os objectivos eram avaliar as concepções das pás das turbinas, construir um método matemático e determinar o desempenho técnico-económico da nova conceção de forma curva. . Em 2018, Sahishnu R et al desenvolveram um modelo matemático com o coeficiente de potência eólica, a relação da velocidade da ponta, os subcomponentes mecânicos e eléctricos, utilizando simulação. Os objectivos eram avaliar as concepções das pás das turbinas, desenvolver uma abordagem matemática e avaliar o desempenho técnico-económico da nova conceção de forma curva. Para aprofundar o conhecimento e ajudar os projectistas e fabricantes neste aspeto da conceção, Abdolrahim Rezaeiha et al. publicaram as suas conclusões em 2018 sobre o efeito da solidez e do número de pás no desempenho aerodinâmico da turbina. As vantagens das turbinas eólicas de eixo vertical na produção de energia eólica em pequena escala e fora da rede são resumidas no estudo. O gerador planeado produz uma saída trifásica, que é convertida em corrente contínua e utilizada para carregar as baterias utilizando um retificador trifásico. O desempenho do protótipo proposto é também testado num ambiente experimental. De acordo com as conclusões, a turbina eólica planeada funciona de forma ideal e eficiente, tal como previsto no procedimento de conceção criado.

2.4 RESUMO

De acordo com as revisões da literatura efectuadas, a tecnologia maglev pode ser aplicada para criar um sistema de turbinas eólicas que possa funcionar a baixas velocidades do vento. O desempenho é influenciado por uma série de variáveis, incluindo a velocidade do vento, as forças de fricção ou de arrasto que afectam a rotação da turbina, a altitude, entre outras. São comparadas diferentes turbinas eólicas, sendo que a turbina eólica maglev tem um maior potencial a baixas velocidades do vento, inferiores a 4m/s [6]. Além disso, quando utilizada em conjunto com células solares, tem um maior potencial de utilização, e esta tecnologia pode ser empregue em locais à beira da estrada para captar energia de veículos em movimento rápido. O projeto é menos complicado do que os VAWT ou HAWT existentes. O custo de produção é baixo porque a construção é simples e as peças são baratas. Pode ser montado no terraço de uma casa. A energia eólica pode ser extraída através da utilização de muitas destas turbinas dispostas a distâncias adequadas.

3. SUSPENSÃO MAGNÉTICA (LEVITAÇÃO)

3.1 PRINCÍPIO

As vantagens de ausência de desgaste, adequação para utilização a longo prazo em qualquer ambiente, ausência de fricção mecânica, baixo ruído, menor perda de potência e ausência de lubrificação ou vedação podem ser obtidas devido à ausência de contacto mecânico no rolamento magnético. Como resultado, esta tecnologia ajuda as aplicações de alta velocidade a atingir o objetivo de erradicar os problemas mecânicos e a perda de potência.

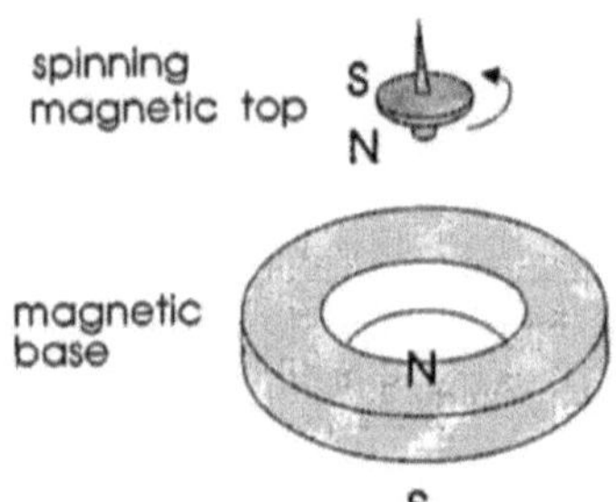

Figura 1. PRINCÍPIO DO MAGLEV [21]

3.2 UTILIZAÇÃO DA LEVITAÇÃO MAGNÉTICA EM TURBINAS EÓLICAS

Nos últimos anos, devido ao rápido crescimento da utilização de materiais para a conceção de ímanes permanentes, a suspensão magnética utilizando ímanes permanentes está a aproximar-se da aplicação em turbinas eólicas, o que leva a uma redução dos custos e do rigor da energia eólica. Graças à utilização do conceito de levitação magnética, obtiveram-se as vantagens abaixo indicadas:

1. Redução da velocidade inicial do vento Devido à eliminação do atrito, a potência de saída é aumentada para o mesmo valor de velocidade do vento. Assim, obtém-se uma redução da velocidade de arranque.

2. Devido à utilização da levitação magnética, o design do rotor da turbina

eólica convencional foi largamente afetado.

A utilização de rolamentos convencionais baseia-se numa lubrificação cuidadosa para uma maior vida útil e maior fiabilidade. Com a redução do custo operacional, bem como do custo de manutenção dos rolamentos, consegue-se uma redução do tempo de paragem da turbina, melhorando a eficiência da revisão.

4. DESCRIÇÃO COMPLETA DO MOINHO DE VENTO MAGLEV

Este projeto inclui uma estrutura de redução do peso da levitação magnética para um gerador eólico vertical. O íman permanente fixo à estrutura tem uma primeira superfície repulsiva. O eixo está ligado à estrutura. Em comparação com a superfície repulsiva inicial do íman permanente fixo, o íman permanente rotativo ligado ao eixo apresenta uma segunda superfície repulsiva. A primeira e a segunda superfícies repulsivas são mutuamente atraídas uma pela outra. As ligações do eixo incluem o gerador e o cubo da pá. O eixo serve de centro de equilíbrio quando o íman permanente rotativo é rodado. O estator é sustentado por uma estrutura externa, enquanto o rotor é posicionado sobre a cabeça da turbina. A zona maglev, o cubo da pá e o gerador de corrente auxiliar (CA) constituem as partes principais do sistema. Utilizará a energia gerada pela energia cinética do vento. O principal objetivo do ventilador de telhado de rotação livre é o fornecimento contínuo e gratuito de ar fresco à área de habitação e ao espaço do telhado durante todo o ano. O conceito inovador de levitação magnética ajuda a aumentar a produção de eletricidade e a velocidade da turbina.

4.1 DESCRIÇÃO DO COMPONENTE

4.1.1 ÍMANES DE NEODÍMIO

O elemento metálico neodímio é inicialmente separado dos óxidos de terras raras refinados num forno eletrolítico. O neodímio, o ferro e o boro são medidos e colocados num forno de indução de vácuo para formar uma liga. São também adicionados outros elementos, conforme necessário para graus específicos, por exemplo, Cobalto, Cobre, Gadolínio e Disprósio (por exemplo, para ajudar na resistência à corrosão). A mistura é fundida devido ao aquecimento de alta frequência e à fusão da mistura. Em termos simplificados, a liga "Neo" é como uma mistura para bolos, tendo cada fábrica a sua própria receita para cada grau. A liga derretida resultante é então arrefecida para formar lingotes de liga. O íman de neodímio é revestido com uma camada protetora.

4.1.2 COLOCAÇÃO DE ÍMANES

A levitação necessária entre o estator e o rotor é conseguida através da colocação de dois ímanes de neodímio (NdFeB) do tipo anel de grau N-35 com dimensões de 50 mm no exterior, 6 mm no interior e 5 mm na espessura no meio do eixo. Ao longo da extremidade do rotor de 30 mm de diâmetro fabricado em contraplacado, estão posicionados ímanes de disco semelhantes de 8 mm de diâmetro como pólos alternativos, um após o outro. Estes ímanes são responsáveis pelo fluxo útil que vai ser utilizado pelo sistema de produção de energia.

4.1.3 BILHETES

Uma bobina electromagnética é um fio ou outro condutor elétrico que tem a forma de uma bobina, espiral ou hélice. Em dispositivos como indutores, electroímanes, transformadores e bobinas de sensores - onde as correntes eléctricas e os campos magnéticos interagem - as bobinas electromagnéticas são utilizadas na engenharia eléctrica. De acordo com a lei da indução de Faraday, um fluxo magnético externo variável provoca a indução de uma tensão num condutor como um fio. Uma vez que as linhas de campo atravessam o circuito várias vezes, é possível aumentar a tensão induzida enrolando o fio numa bobina.

4.1.4 DISPOSIÇÃO DAS BOBINAS

Fios de calibre 46 com 500 voltas cada são utilizados como bobinas para a produção de energia. 10 conjuntos de bobinas deste tipo são utilizados no protótipo. Estas bobinas estão dispostas na periferia do estator exatamente em linha com os ímanes de disco dispostos. As bobinas são elevadas a uma certa altura para uma utilização máxima do fluxo magnético. Cada conjunto destas bobinas é ligado em série para obter a tensão de saída máxima. A ligação em série das bobinas é preferível à ligação em paralelo para otimizar o nível entre a corrente e a tensão de saída.

4.1.5 VELA DE VENTO

Os principais componentes de um moinho de vento são, naturalmente, as VELAS. De facto, são as velas que transferem a energia do vento para todos os componentes do moinho de vento. É evidente que a conceção e a construção das velas desempenham um papel importante na determinação da quantidade de energia que pode ser transferida do vento para o moinho. Esta armação é constituída por um sistema de barras ligadas por ripas ou montantes e embutidas no tronco. As barras, no sentido transversal, sobressaem ligeiramente do tronco e estão ligadas no sentido longitudinal pelos montantes. Fixadas à madre estão as pranchas de vela, um conjunto de pranchas que pode ser comparado, em certa medida, a uma vela de proa antes do mastro. O vento, ao soprar sobre as velas, dá uma componente de força lateral que faz com que as velas girem.

4.1.6 MÓDULO DE CONVERSÃO AC-DC

Um conversor CA-CC é parte integrante de qualquer fonte de alimentação utilizada no equipamento totalmente eletrónico. Além disso, serve como ponto de ligação para a maioria dos equipamentos electrónicos de potência e serviços públicos. Este equipamento eletrónico constitui uma parte considerável da carga dos serviços públicos. Normalmente, é utilizado um retificador de ponte de díodos de frequência de linha para converter a frequência de linha CA em CC.

Tabela 1: DESCRIÇÃO DOS COMPONENTES

SI NO	ITEM	DIMENSION	QUANTITY	IMAGES
1	Hollow Neo-Magnet	OUTER DIA- 40mm, INNERDIA-20, Thick-10mm	2	
2	Solid Neo-Magnet	OUTER DIA-20mm, Thickness-3mm	12	
3	Black Magnet	OUTER DIA-40mm, ID-20mm, Thick-10mm	6	
4	Stainless Tube Shaft	OUTER DIA-19mm, L-4ft	1	
5	Sheet Metal	LENGTH-3ft	6	
6	Wooden Plate	OUTER DIA-12inch	3	

5. ASPECTOS DE CONCEPÇÃO

5.1 PROCEDIMENTO DE CONCEPÇÃO

O desenho da forma da pá e o ângulo de ataque influenciam fortemente a capacidade de produção de energia, uma vez que a velocidade de corte é proporcional à quantidade de vento gerado. Com um design de pá devidamente optimizado, o VAWT pode produzir maior potência a baixas velocidades do vento. O ângulo de ataque adequado na superfície da pá reforça ainda mais este facto. A técnica de investigação utilizada nestas investigações é apresentada na Fig. 4. A conceção abrange o gerador e a construção dos rolamentos maglev, bem como a forma e a localização da pá.

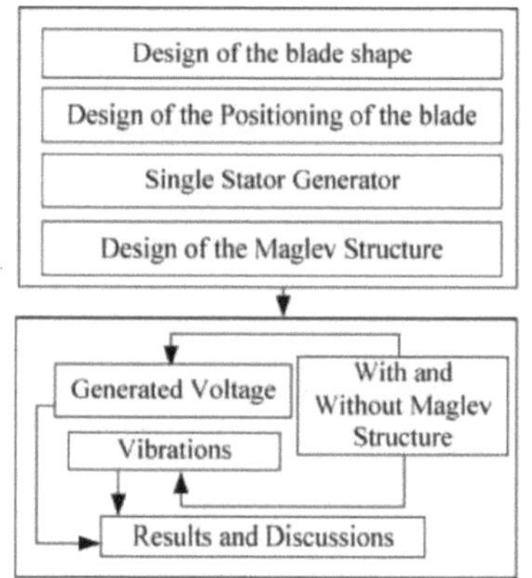

Figura 2. Metodologia de Investigação [4]

5.2 CONCEPÇÃO DA LÂMINA

Três tipos diferentes de formas de pás, nomeadamente NACA0012, NACA4212 e NACA8612, são analisados e comparados para obter a melhor escolha do perfil de ar. A análise é efectuada através do modelo matemático para obter o coeficiente de força de elevação das pás.

A força de elevação produzida pela lâmina é dada por

$$P = \tfrac{1}{2} * \rho * A * v^3$$

Onde,

p = densidade :A = área varrida

v = Velocidade do vento

P = Potência

Pode interpretar-se que a força de elevação depende do tamanho da pá, da velocidade do vento e do coeficiente de elevação. O modelo Spalart-Allmaras é utilizado porque prevê melhores análises das lâminas aerodinâmicas. A TABELA 2 mostra uma comparação da estrutura de três pás para um ângulo de ataque de 16 graus. A Fig. 5 mostra a comparação do coeficiente de elevação com o ângulo de ataque (A). O NACA 8612 produz o coeficiente de sustentação mais elevado do que o NACA 0012 e o NACA 4212. O coeficiente de elevação do NACA 0012 e do NACA 4212 está a diminuir quando $a > 11°$. É também imperativo, a partir desta análise, que o coeficiente de elevação mude com as alterações no valor de a

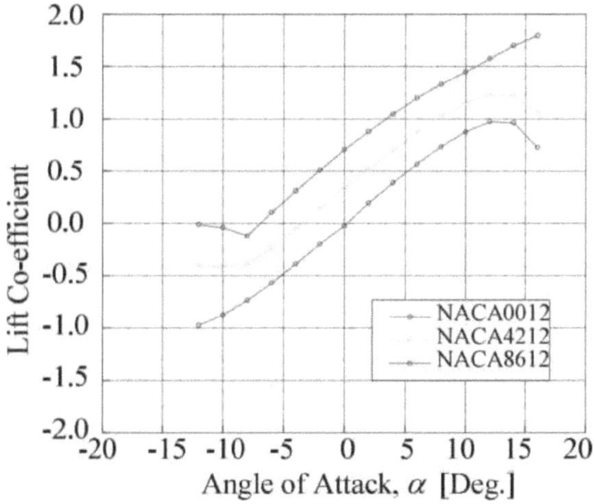

Figura 3. Coeficiente de elevação de NACA 0012, NACA 4212 e NACA 861[4].

QUADRO 2. COEFICIENTE DE ELEVAÇÃO PARA O ÂNGULO DE POSIÇÃO DA PÁ

ANGLE (DEGREES)	CO-EFFICIENT VALUE
0	2.72991
18	2.91950
30	3.76346
45	1.589304
60	1.120641

5.3 MATERIAIS TURBINAS EÓLICAS

As turbinas eólicas são construídas com uma grande variedade de materiais. Entre as pequenas e as grandes máquinas, há distinções notáveis, e prevê-se que os desenhos se alterem para se adaptarem à adoção de novas tecnologias de materiais e técnicas de produção. Para chegar a um total, a utilização é ponderada pela quota de mercado estimada dos vários fabricantes e tipos de máquinas.

TABELA 3: VALORES DAS PROPRIEDADES DE AL 6061-T6

PROPERTY	VALUE
Density	2712.000 kg /m^3
Thermal Conductivity	0.180 KW/m-C
Specific Heat	920.000 J/kg-C
Modulus of Elasticity	68947.570 MegaPa
Poisson's Ratio	0.330
Yield Stress	275.790 MegaPa
Ultimate Stress	310.264 MegaPa

O alumínio é um metal como o aço, o latão, o cobre, o zinco, o chumbo ou o titânio do ponto de vista físico, químico e mecânico. Com um peso específico de 2,7 g/cm2, o alumínio é um metal extremamente leve, com um terço da densidade do aço. Ao alterar a composição da liga, é possível ajustar a sua resistência às necessidades da aplicação. O alumínio é extremamente resistente à corrosão e produz naturalmente uma camada protetora de óxido. O alumínio é um excelente refletor de calor e de luz visível, o que, combinado com o seu peso leve, o torna o material perfeito para reflectores em produtos como luminárias e cobertores de salvamento. Isto significa que, para que uma extrusão de alumínio atinja a mesma deflexão que um perfil de aço, o momento de inércia deve ser três vezes maior.

5.4 SELECÇÃO DE ÍMANES

Ao decidir qual o íman permanente que funcionará melhor para executar o componente maglev do projeto, é necessário ter em conta uma série de considerações. Existem quatro classes de ímanes comercializados utilizados atualmente, que se baseiam na sua composição material, tendo cada um as suas próprias propriedades magnéticas.

As quatro classes diferentes são o alnico, a cerâmica, o samário-cobalto e o boro neodímio-ferro, também conhecido como Nd-Fe-B. O Nd-Fe-B é a mais recente adição a esta lista comercial de materiais e, à temperatura ambiente, apresenta as propriedades mais elevadas de todos os materiais magnéticos. Todas as informações que se seguem são apoiadas por referências e explicam a importância da curva B-H correspondente à conceção do íman. Os laços de histerese, também conhecidos como curva B-H, em que B é a densidade do fluxo e H a força de magnetização, são a base da conceção do íman e podem ser vistos na Figura 7. Cada tipo de material tem a sua própria caraterística B-H, que descreve o ciclo do íman num circuito fechado à medida que é levado à saturação, desmagnetizado, saturado na direção oposta e, em seguida, desmagnetizado novamente sob a influência de um campo magnético externo. Dos quatro quadrantes que o laço de histerese atravessa no gráfico B-H, o mais importante é o segundo. O ponto de funcionamento de um íman permanente num determinado espaço de ar será fornecido por este quadrante, por vezes designado por curva de desmagnetização. Se o vento não for muito forte, o espaço de ar, que corresponde à distância entre os dois ímanes opostos no caso do maglev para a turbina eólica, deve ser bastante consistente. O ponto de funcionamento dos ímanes na curva B-H varia adequadamente se as folgas de ar mudarem.

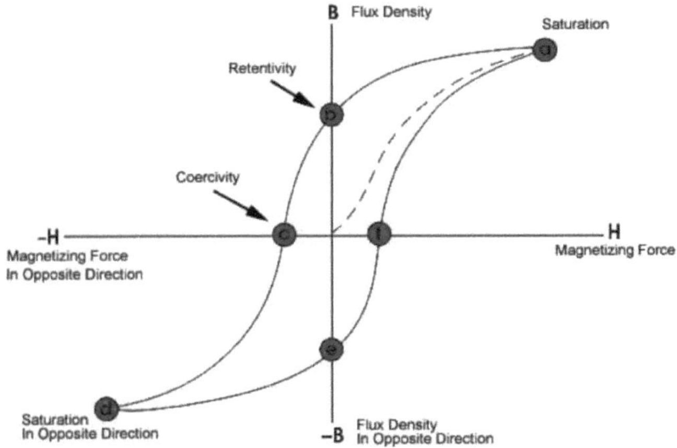

Figura 4. Laço de histerese geral [22]

Como se pode ver na Figura 4, parece que a levitação seria mais eficaz na linha do eixo central, que é onde o centro de massa da turbina eólica estaria sob uma carga igualmente distribuída. Uma ilustração simplificada de como o maglev será incluído no projeto pode ser vista nesta imagem. Se os ímanes tivessem a forma de anéis, poderiam ser deslizados suavemente pelo eixo em conjunto com os seus pólos semelhantes apontados para o interior. Deste modo, a ideia pode ser concretizada com menos ímanes e com a força de repulsão necessária para sustentar o peso.

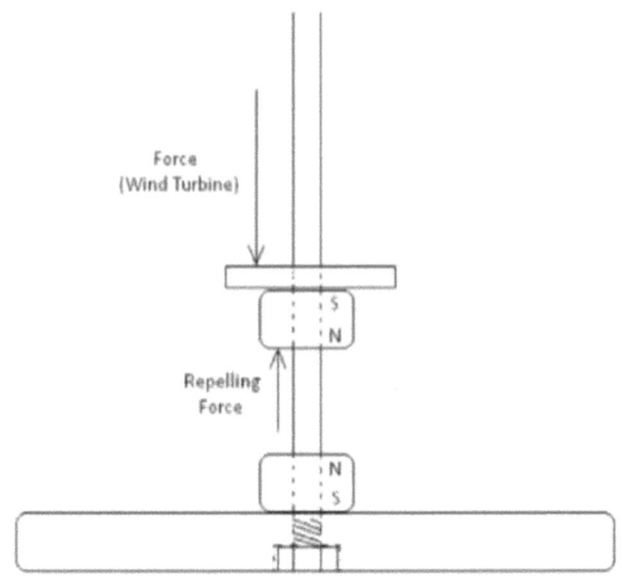

Figura 5. Colocação básica de ímanes [https://www. researchgate.net/]

Os ímanes NX8CC-N42 da K&J Magnetics foram seleccionados como ímanes permanentes para esta aplicação. Trata-se de ímanes permanentes em forma de anel Nd-Fe-B niquelados, que reforçam e protegem o próprio íman. As medidas adequadas dos ímanes são 1,5 polegadas no exterior, 0,75 polegadas no interior e 0,75 polegadas na altura.

5.5 ANÁLISE DA POSIÇÃO DA LÂMINA
5.6

É utilizada uma estrutura de cinco pás para a análise, a fim de determinar a melhor posição com base nas especificações do projeto. Observa-se que 30° é o mais adequado devido ao coeficiente de sustentação mais elevado. Para que o aerofólio tenha um coeficiente de sustentação elevado, a pressão por baixo do aerofólio tem de ser maior do que na parte superior do aerofólio. A Fig. 3 mostra o coeficiente de elevação em vários graus de impacto.

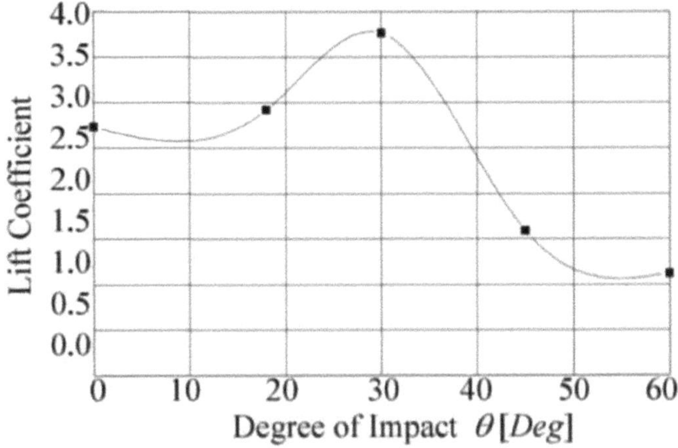

Figura 6. Coeficiente de elevação em função do grau de impacto [4]

5.7 CONCEPÇÃO DO MAGLEV

Para fazer face às oscilações mecânicas, é utilizado o conceito de levitação magnética para reduzir as vibrações. Este conceito substitui a chumaceira mecânica por um conjunto de placas magnéticas, cada uma com a mesma polaridade, como se mostra na Fig. 9

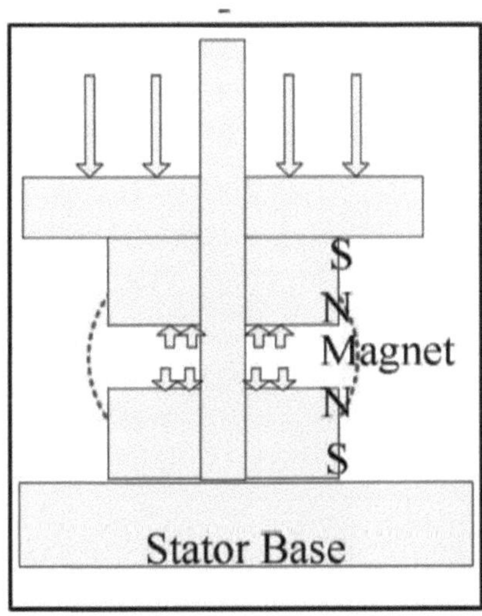

Figura 7. Posicionamento do íman para a turbina [6].

5.8 CONCEPÇÃO E DISPOSIÇÃO DAS BOBINAS

Pode ser um desafio construir bobinas com uma quantidade específica de espiras. A fem produzida por cada bobina aumenta à medida que mais espiras são enroladas, mas o tamanho de cada bobina também aumenta. Pode utilizar um fio de maior calibre para reduzir o tamanho. Os pequenos diâmetros do fio permitem um baixo fluxo de corrente, o que provoca o aquecimento do fio devido a uma maior resistência - outra tarefa difícil.

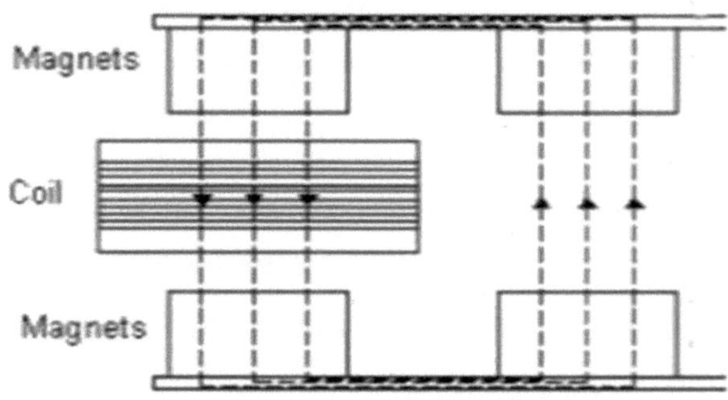

Figura 8. Bobina e desenho [19]

6. MODELO MATEMÁTICO:

6.1 FORÇA DE REPULSÃO MAGNÉTICA: -

De acordo com a lei do magnetismo de Columb, a força de atração ou repulsão entre dois pólos magnéticos é diretamente proporcional ao produto da intensidade dos seus pólos ou inversamente proporcional ao quadrado da distância entre eles.

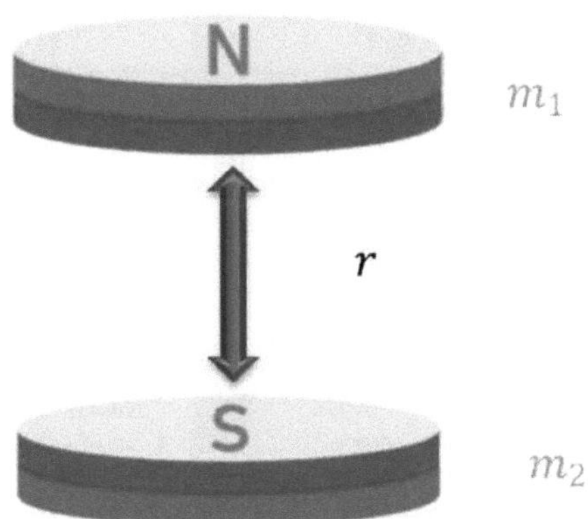

$$F \; \alpha \; m_1 m_2$$

$$F \; \alpha \; \frac{1}{r^2}$$

Where,

$$m_1, \; m_2 = magnetic \; field \; strenght$$
$$r^2 = distance \; between \; two \; magnets$$

$$F = \frac{k m_1 m_2}{r^2}$$

Where $k = \mu_0 /_{4\pi}$ $\longrightarrow$ *Constant*

$$F = \frac{\mu_0 m_1 m_2}{4\pi r^2} \qquad\qquad \longrightarrow \quad ①$$

Where $\mu_0 = $ *magnetic permeability in vacuum*

In vector form

$$\vec{F} = \frac{\mu_0 m_1 m_2 \vec{r}}{4\pi r^3} \qquad\qquad \longrightarrow \quad ②$$

Weight of the turbine = mass of the blade + mass of the wooden plate
Mass of the blade = $\rho_b * v_b$
Mass of the wooden plate = $\rho_{wp} * v_{wp}$
Weight of the turbine = $\rho_b * v_b + \rho_{wp} * v_{wp}$ $\qquad\qquad \longrightarrow \quad ③$
Equating eqn ① & ②

$$\rho_b * v_b + \rho_{wp} * v_{wp} = \frac{\mu_0 m_1 m_2}{4\pi r^2} \qquad\qquad \longrightarrow \quad ④$$

The magnet field strength of both magnets is equal

$$m_1 = m_2 = m$$

Equation ④ becomes

$$\rho_b * v_b + \rho_{wp} * v_{wp} = \frac{\mu_0 m^2}{4\pi r^2} \qquad\qquad \longrightarrow \quad ⑤$$

Magnetic permeability of vacuum $(\mu_0) = 4\pi * 10^{-7} \ H/mA$
Sub μ_0 in eqn ⑤

$$\rho_b * v_b + \rho_{wp} * v_{wp} = \frac{4\pi * 10^{-7} * m^2}{4\pi * r^2}$$

$$\rho_b * v_b + \rho_{wp} * v_{wp} = \frac{m^2 * 10^{-7}}{r^2}$$

$$m^2 = \frac{\rho_b * v_b + \rho_{wp} * v_{wp} * r^2}{10^{-7}}$$

STRENGTH OF THE LEVITATING MAGNET: -

$$m = \sqrt{\frac{\rho_b * v_b + \rho_{wp} * v_{wp} * r^2}{10^{-7}}}$$

$$m = \sqrt{\frac{\rho_b * v_b + \rho_{wp} * v_{wp}}{10^{-7}}} * r$$

6.2 CALCULATION OF NUMBER OF COILS AND TURNS: -

Induced emf of one conductor: -

Let $\Phi = Flux\ produced\ by\ each\ pole\ in\ weber\ (Wb)$

$\quad P = Number\ of\ poles$

Total flux produced by all the poles $= \Phi * P$

Time taken to complete one revolution $= 60 / N$

Where N = speed of the rotating wooden disc

Now, according to **"Faraday's Law of Induction"**, *the induced emf of the armature conductor is denoted by* **"e"** *which is equal to rate of cutting the flux.*

Therefore,

$$e = \frac{d\Phi}{dt} = \frac{Total\,flux}{time\,taken}$$

Induced emf of one conductor

$$e = \frac{\Phi P}{60/N}$$

$$e = \frac{\Phi PN}{60}$$

Induced emf for "Z" conductor

Z = Total number of conductors

A = Number of parallel paths

$\frac{Z}{A}$ = Number of conductors connected in series

Induced emf $(e) = \frac{\Phi PN}{60} * \frac{Z}{A}$

$$e = \frac{\Phi ZPN}{60\,A}$$

$\longrightarrow$ *For no. of conductors connected in series*

6.3 CALCULATION OF WIND POWER: -

According to Newton's Law of Motion

$$F = m * a$$

$* \underline{s}$

Hence

$E = m * a * s$

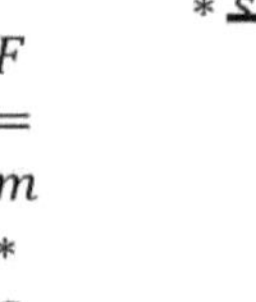

Using third equation of motion

$v^2 = u^2 + 2as$

We get

$a = \frac{v^2 - u^2}{2s}$

Since initial velocity is zero so $u = 0$

$a = \frac{v^2}{2s}$

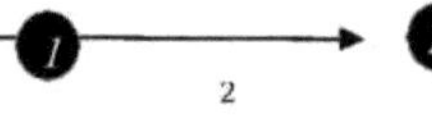

ub eqn

in

Kinetic energy $E = m * \frac{v}{2\underline{s}}$

Sub eqn ⑤ in ④

$P = \frac{1}{2} * \rho * A * v * v^2$

$$P = \frac{1}{2} * \rho * A * v^3$$

Where
$\rho = density$
$A = Swept\ Area$
$v = Wind\ Speed$
$P = Power$

6.4 Design of shaft: -
In Maglev turbine, shaft is subjected to torsional stress & bending stress caused by the wind.
W.K.T
$$\frac{M}{I} = \frac{\sigma_b}{y}$$
$M = Bending\ moment$
$I\ \ = Moment\ of\ inertia$
$\sigma_b = Bending\ stress$
$y = Distance\ between\ neutral\ axis\ to\ outer-most\ fibre$

For solid shaft: -
$$I = \frac{\pi}{64} * d^4 \ \& \ y = \frac{d}{2}$$

$$\frac{M}{\frac{\pi}{64}*d^4} = \frac{\sigma_b}{\frac{d}{2}}$$

$$M = \frac{\pi}{32} * \sigma_b * d^3$$

For hollow shaft: -
$$I = \frac{\pi}{64} * (d_0^4 - d_i^4)$$

$$I = \frac{\pi}{64} * d^4 * \left(1 - \left(\frac{d_i}{d_o}\right)^4\right)$$

$$I = \frac{\pi}{64} * d_0^4 * (1 - (k)^4)$$

Quadro 4

Força do íman levitante

MATERIAL	FLUX (Φ) (Weber)	DENSITY (kg/m^3)	STRENGTH (M)
Magnesium	4.23	1730	894.43
Aluminum	5	2710	1035.4
Molybdenum	8	10280	1682.9

Figure 9. Strength of the levitating magnets

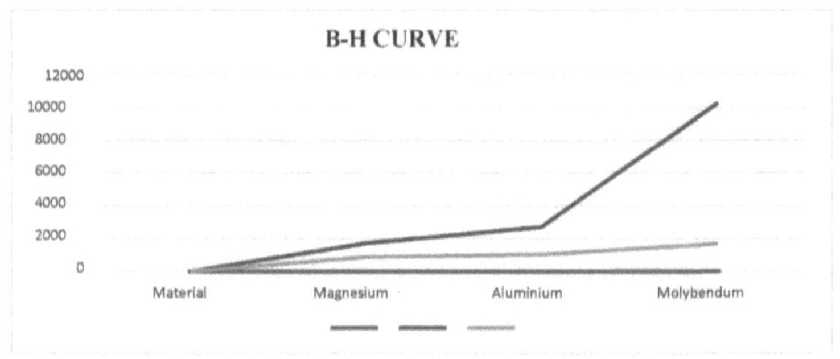

Tabela 5: Graus de ímanes de neodímio (Neo-Fe-B) e respetivo fluxo

GRADE	MAGNETIC FIELD (Gauss)	FLUX (Φ)
N35	8.5	3.2
N38	8.9	3.3
N40	9.1	3.4
N42	9.3	3.5
N45	9.7	3.5

7. METODOLOGIA:

A exploração de energias renováveis é uma abordagem para reduzir a nossa dependência dos combustíveis fósseis. Entre os muitos recursos de energia renovável, a energia eólica é o único recurso que será abordado neste projeto. O projeto centra-se na utilização da energia eólica como fonte renovável que produz uma fonte de eletricidade limpa e segura. Turbinas eólicas de alta eficiência têm sido propostas numa variedade de modelos. O objetivo deste projeto é conceber e implementar uma turbina eólica sem fricção de eixo vertical com levitação magnética. A principal vantagem da criação deste protótipo é o facto de poder ser aplicado em qualquer local ou estrutura e funcionar em ambientes menos ventosos. Este projeto foi escolhido para produzir energia. O tamanho do conjunto, que consiste principalmente no número de bobinas, ímanes e pás, está diretamente relacionado com a quantidade de energia gerada. O protótipo inicial foi criado utilizando componentes do mercado próximo, de acordo com os cálculos efectuados. A fundação suportava o eixo robusto e estável. As bobinas de cobre são fixadas por cima da placa de acrílico inferior. O eixo sólido fixo, sobre o qual foi colocada a placa acrílica superior, foi atravessado por outro eixo oco orientado. Entre as duas placas estavam dois grandes ímanes permanentes em forma de anel. O veio giratório oco estava ligado às pás alinhadas verticalmente. A força do vento fazia girar as pás da turbina eólica, o que, por sua vez, fazia girar o conjunto de turbina eólica e eixo baseado em ímanes de neodímio.

As bobinas do gerador cortam as linhas magnéticas como resultado, causando a criação de fluxo magnético e produzindo EMF. Utilizando um multímetro, mede-se o EMF de saída.

8. CONSTRUÇÃO:

Este VAWT de levitação magnética consiste num suporte de base pesada no qual a bobina do gerador é fixada internamente e no qual é colocado um eixo. Neste projeto, são utilizados dois ímanes (neodímio). Um dos ímanes, que está fixado na base, é designado por íman inferior e o outro íman é colocado por cima deste, de modo a obter o conceito de levitação magnética. O eixo (eixo de Delrin) é ligado à bobina do gerador depois de ser colocado nos dois ímanes. As pás são mantidas no lugar por placas de suporte das pás num dispositivo conhecido como turbina eólica, que é fixado num íman superior e gira juntamente com a turbina eólica.

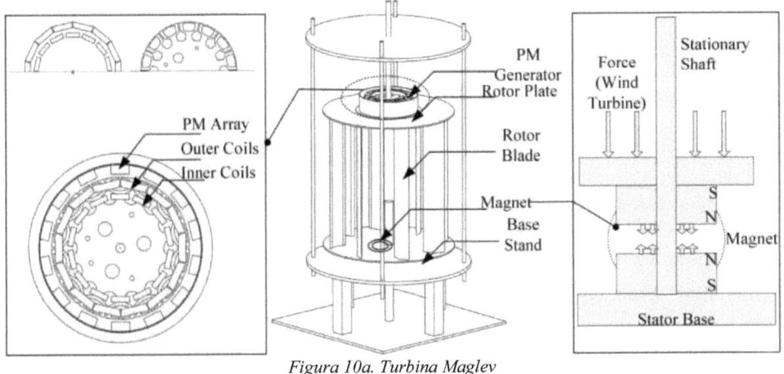

Figura 10a. Turbina Maglev

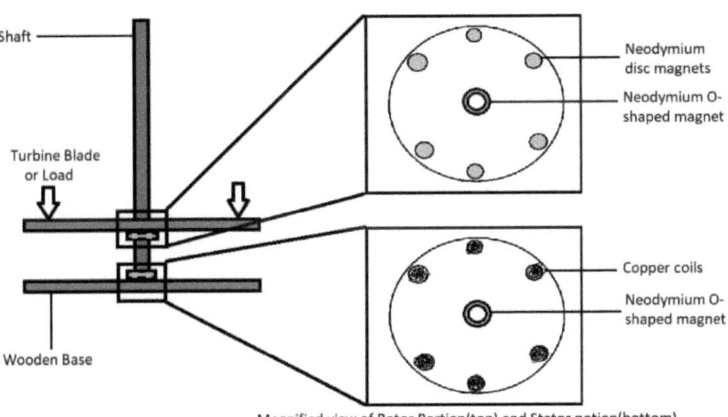

Figura 10b. Placa do estator e do rotor

O projeto total pode ser dividido em duas partes, nomeadamente a parte do rotor e a parte do estator. A parte do rotor é composta por 6 pás fixadas por parafusos e porcas. Existem 6 ímanes de neodímio com 20 mm de diâmetro fixados na parte inferior da lâmina. A parte do estator é composta por 5 bobinas de cobre que estão interligadas entre si. No eixo, estão colocados dois ímanes de neodímio em forma de O-ring, com diâmetros exteriores, interiores e espessuras de 40 mm, 20 mm e 10 mm, respetivamente. As forças repulsivas dos ímanes fazem levitar a placa giratória (rotor) e a placa estacionária (estator). No exterior do rotor, foram colocados seis ímanes em forma de disco com 10 mm de diâmetro e 4 mm de espessura. 5 bobinas de cobre de calibre 10 com um diâmetro de fio de 0,102 mm e 40 voltas em cada bobina do estator e os ímanes presentes no rotor estão posicionados no exterior em linha com o perímetro, como mostra a figura 10 b. As bobinas foram dispostas numa disposição circunferencial e ligadas em série para fornecer a tensão de saída mais elevada. O princípio subjacente à produção de eletricidade no MAG-LEV VAWT é diferente do gerador normal. Como sabemos, a parte do rotor dos geradores normais é constituída por enrolamentos de cobre, enquanto a parte do estator é constituída por ímanes permanentes no interior de invólucros. No caso do MAG-LEV VAWT, a parte do estator é constituída por ímanes permanentes de neodímio e a parte do rotor é constituída por enrolamentos de bobinas que estão à vista.

9. CONCEPÇÃO DE UM MOINHO DE VENTO

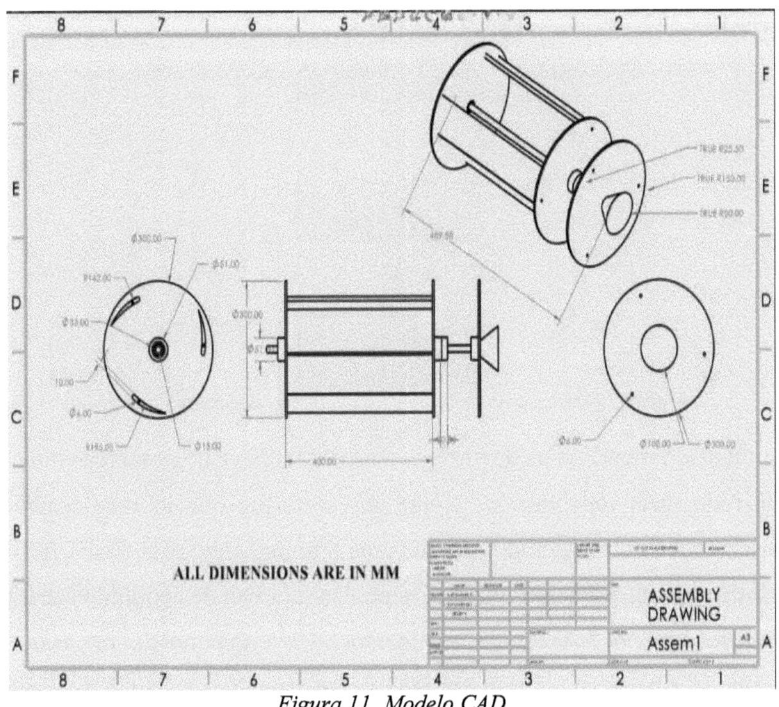

Figura 11. Modelo CAD

10. TRABALHO

10.1 PRODUÇÃO DE ENERGIA EÓLICA

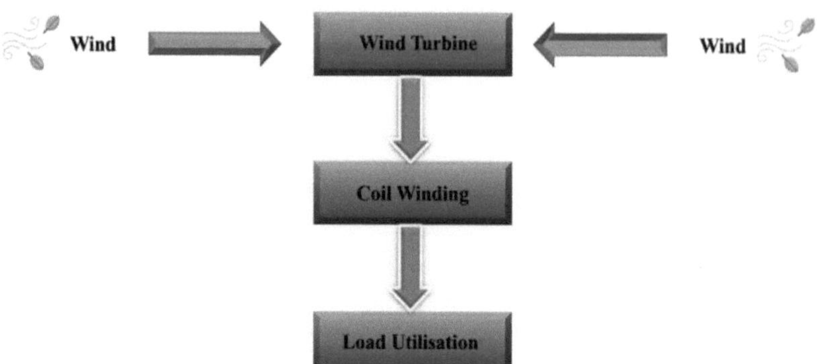

Figura 12. Diagrama de blocos da produção de energia eólica

Quando o ar embate na pá da turbina, a força repulsiva do íman faz com que a pá rode mais rapidamente, o que faz com que o veio rode também. Consequentemente, o gerador produz uma fem induzida. A potência AC é a saída da turbina. A enorme força de repulsão do íman de neodímio substitui completamente o sistema de rolamentos. Uma quantidade modesta de pressão de ar ajuda esta força a produzir o máximo de rotação, o que leva a uma produção significativa de energia.

10.2 GERADOR

O gerador transforma a energia mecânica do veio em energia eléctrica de saída. É de referir que os alternadores de ímanes permanentes são um fator determinante na capacidade de trabalho do gerador de fluxo axial. Nestes geradores, o entreferro é posicionado perpendicularmente ao eixo de rotação, produzindo fluxos magnéticos paralelos ao eixo.

10.3 COMO A ENERGIA É PRODUZIDA

As turbinas eólicas são um meio de transformar a energia cinética do vento em eletricidade. Este processo começa quando o vento entra em contacto com as pás da turbina e transfere parte da sua energia cinética para elas, forçando-as a rodar. Uma vez que as pás estão ligadas ao eixo principal através do rotor, o eixo também roda, criando energia mecânica. Normalmente, é ligada ao veio principal uma caixa de engrenagens que faz girar um veio paralelo a uma velocidade cerca de 30 vezes superior à do veio principal. Esta amplificação gera velocidades de rotação adequadas para a saída eléctrica do gerador a velocidades de vento suficientemente elevadas. Os geradores prontos a utilizar que empregam a indução electromagnética para criar uma corrente eléctrica são frequentemente utilizados nas turbinas. Nestes geradores, os ímanes permanentes são colocados à volta de uma bobina. É produzida uma tensão no fio quando o eixo é ligado ao conjunto de ímanes, fazendo-o girar em torno da bobina de fio que está estacionária. A corrente eléctrica é forçada a sair do fio e a chegar às linhas eléctricas, onde será dispersa pela tensão.

10.4 IMAGENS DO MODELO DE TRABALHO

Figura 13. Vista superior e parte inferior

11. APLICAÇÕES

- Esta VAWT é colocada nos canteiros centrais das auto-estradas. O vento é acelerado pelo tráfego em ambos os lados dos canteiros centrais, o que aumenta a energia cinética do vento e faz com que as pás da turbina girem no sentido dos ponteiros do relógio.

- - O eixo do rotor principal está posicionado verticalmente para recolher o vento proveniente de todos os ângulos. Para além da direção do vento, estas turbinas não necessitam de controlos de guinada para funcionar. Estas turbinas oferecem boas vantagens, incluindo um funcionamento silencioso e um design único. Uma vez que se trata de unidades mais pequenas, será fácil encontrá-las em ambientes urbanos e suburbanos.

- Devido a esta diferença no mecanismo de funcionamento, as turbinas eólicas de eixo vertical podem ser utilizadas para produzir energia mesmo em condições climatéricas instáveis, como vento turbulento e com rajadas.

- Numa central eléctrica com turbinas eólicas de eixo horizontal, a regra geral para o espaçamento é colocar as turbinas a 5 diâmetros de distância ao longo do vento, e a cerca de 10 diâmetros de distância a favor do vento. Isto é para evitar a interrupção do fluxo de ar e a redução da velocidade do vento causada por uma turbina para outra, o que afecta a produção de energia das unidades vizinhas.

- Em comparação com as turbinas eólicas de eixo horizontal, as turbinas eólicas de eixo vertical podem ser agrupadas mais perto umas das outras numa central eólica. Isto deve-se ao facto de as turbinas eólicas de eixo vertical funcionarem bem com vento turbulento. Geralmente, elas são espaçadas de 4 a 6 diâmetros.

- As modernas concepções geométricas das turbinas eólicas de eixo vertical permitem-lhes funcionar com elegância e criar um fluxo visual suave. A sua aparência é perfeitamente complementar a edifícios, campus e parques. Utilizando a energia eólica para gerar eletricidade, também falam diretamente sobre os valores sustentáveis de uma organização ou comunidade com fortes impressões visuais.

- As turbinas eólicas terrestres existem numa variedade de tamanhos, desde 100 quilowatts a vários megawatts. As turbinas eólicas de maiores dimensões são economicamente mais viáveis e são colocadas em conjunto em centrais eólicas, que fornecem uma grande quantidade de energia à rede eléctrica.

- A maioria das turbinas eólicas offshore são enormes e mais altas do que a Estátua da Liberdade. Os enormes componentes podem ser entregues em navios e não em estradas, pelo que não têm as mesmas dificuldades de transporte que os projectos eólicos em terra.

- Estas turbinas eólicas podem aproveitar as fortes brisas oceânicas e produzir enormes quantidades de eletricidade.

- São frequentes as utilizações residenciais, agrícolas, comerciais e industriais para uma única turbina eólica minúscula com uma potência inferior a 100 quilowatts.

- As pequenas turbinas podem ser utilizadas em sistemas energéticos híbridos com outros recursos energéticos distribuídos, tais como microrredes alimentadas por geradores a gasóleo, baterias e energia fotovoltaica.

- Estes sistemas são designados por sistemas eólicos híbridos e são normalmente utilizados em locais remotos, fora da rede (onde não está disponível uma ligação à rede eléctrica pública) e estão a tornar-se mais comuns em aplicações ligadas à rede para resiliência.

- As VAWTs também poderiam recolher energia eólica de forma
  económica no centro urbano se as turbinas estivessem localizadas a mais
  de 9 m de altura, como nos telhados de edifícios comerciais/residenciais.

- Em comparação com os VAWT normais, os maglevs oferecem uma série
  de vantagens adicionais. Uma vez que não há atrito de rolamento, as peças
  não se desgastam tão rapidamente como num vagão tradicional, por
  exemplo, são menos dispendiosas de gerir e reparar.

12. RESULTADOS E CONCLUSÕES

Quadro 6

Produção de eletricidade com diferentes velocidades do vento

Sr. No.	Wind velocity (Vw) m/s	Voltage (V)	Current (Amp.)	Speed RPM (N)
1	6	7.2	0.012	110
2	8	9.8	0.029	217
3	10	13.9	0.051	396
4	12	22.7	0.087	604

O conceito de utilização da tecnologia de levitação magnética é introduzido neste projeto. O maglev para o VAWT aumenta a eficiência da vibração em 30% em comparação com a turbina sem rolamento mecânico. Isto prova a capacidade operacional eficiente das melhorias de desempenho do VAWT MAGLEV. Este tipo de estrutura ajudaria a desenvolver mais trabalho de investigação nesta área para tornar a turbina eólica uma energia eficiente para o futuro. No entanto, no presente trabalho, o inconveniente do cogging e o efeito da tração magnética não são considerados, uma vez que o nosso principal objetivo é o estudo e a análise dos parâmetros da turbina eólica e a comparação entre os modelos atualmente existentes, o que ajudou muito no desenvolvimento do projeto proposto e no desenvolvimento do modelo matemático para a levitação magnética, a fim de obter condições de funcionamento estáveis na tecnologia da turbina eólica de eixo vertical. 5 lakh casas são alimentadas por um conjunto de 1000 moinhos de vento normais, enquanto 7,5 lakh habitações podem ser alimentadas por uma única turbina eólica maglev. Enquanto um campo de 1000 moinhos de vento requer mais de 64 000 acres, um único moinho de vento maglev necessita apenas de menos de 100 acres. Podemos concluir a partir desta observação que uma única turbina eólica maglev é mais económica do que uma turbina eólica convencional.

13. PUBLICAÇÕES E ÂMBITO FUTURO

O projeto foi convertido em artigo de investigação com o nome "DESIGN AND DEVELOPMENT OF MAGLEV WINDMILL" e submetido ao International Research Journal of Engineering and Technology (IRJET). O correio eletrónico de confirmação da submissão inicial é apresentado abaixo para referência. Este artigo de investigação fornece detalhes sobre os componentes de design necessários para construir uma turbina eólica de eixo vertical com levitação magnética, para além da ideia fundamental do projeto.

Initial Online Submission Confirmation- Reg
1 message

IRJET Journal <editor@irjet.net>   Wed, Mar 29, 2023 at 10:30 AM
Reply-To: editor@irjet.net
To: ajith.arivazhagi@gmail.com

Dear Author (G.AJITHKUMAR),

  Your paper entitled "DESIGN AND DEVELOPMENT OF MAGLEV WINDMILL" has successfully been submitted online and will be given full consideration for publication.kindly wait for 1 week for the review process to be completed. We will inform you about the outcome of the review shortly.

Thank you for your interest in our journal.

Best Regards

Managing Editor

International Research Journal of Engineering and Technology (IRJET)

https://www.irjet.net

Fast Track Publications

e-mail: editor@irjet.net

A turbina eólica de eixo vertical equipada com levitação magnética pode ser instalada no topo de casas. Aqui, pode ser instalada num telhado de uma forma altamente eficiente e útil. A capacidade de extrair energia gratuita e limpa com custos reduzidos de serviços públicos estaria disponível para os proprietários de casas. Esta conceção pode ser aplicada à criação de energia média. Em áreas isoladas, onde o fornecimento de energia convencional é mais caro, a energia produzida por esta turbina pode ser utilizada. A Maglev VAWT utiliza menos energia e, ao reduzir o atrito, pode reduzir significativamente os custos. Esta mudança no panorama económico pode tornar a implementação de VAWT maglev consideravelmente mais prática e acessível.

14. REFERÊNCIAS

[1] Ehab Hussein Bani-Hani, Ahmad Sedaghat, Mashael AL-Shemmary, Adelah Hussain, Abdulmalek Alshaieb & Hamad Kakoli, "Feasibillity of Highway Energy Harvesting Using a Vertical Axis Wind Turbine", Energy Engineering, 115:2, 61-74

[2] Sudhamshu A.R., Manik Chandra Pandey, Nivedh Sunil, Satish N.S., Vivek Mugundhan, Ratna Kishore Velamati, "Numerical study of effect of pitch angle on performance characteristics of a HAWT", Volume 19, Issue 1, Elsevier(março de 2016)

[3] Harshal Vaidya, Pooja Chandodkar , Bobby Khobragade , R.K. Kharat. "POWER GENERATION USING MAGLEV WINDMILL", Publicação IAEME", Revista Internacional de Investigação em Engenharia e Tecnologia (2016)

[4] Aravind CV1,*, Kamalinni1 ,Tay SC1, Jagadeeswaran A2 , RN Firdaus. "Análise do projeto de MAGLEV- VAWT com gerador de circuito magnético modificado", Instituto de Engenheiros Eléctricos e Electrónicos (2014)

Naveen Krishna P1 , Kishor C2 , Nithin Nandakumar3 , Sanjay Kumar S4 , Vinayak AS5, "PARAMETRIC
[5] STUDY AND DESIGN OPTIMISATION OF MAGNETIC LEVITATION VERTICAL AXIS WIND TURBINE", EPRA International Journal of Research and Development (IJRD) Volume: 6 | Issue: 11 | November2021

[6] Naveen Krishna P1 , Kishor C2 , Nithin Nandakumar3 , Sanjay Kumar S4 , Vinayak AS5, "PARAMETRIC STUDY AND DESIGN OPTIMISATION OF MAGNETIC LEVITATION VERTICAL AXIS WIND TURBINE", EPRA International Journal of Research and Development (IJRD) Volume: 6 | Issue: 11 | November2021

[7] C. Marimuthu1 , V. Kirubakaran2, "A CRITICAL REVIEW OF FACTORS AFFECTING WIND TURBINE AND SOLAR CELL SYSTEM POWER PRODUCTION", International Journal of Advanced Engineering Research and Studies.

[8] JAMES B. Y. TSUI, DAVID J. IDEN, KARL J. STRNAT, MEMBRO, IEEE, E ANTHONY J. EVERS, MEMBRO, IEEE, "The Effect of Intrinsic Magnetic Properties on Permanent Magnet Repulsion" (O efeito das propriedades magnéticas intrínsecas na repulsão de ímanes permanentes).

[9] Ehab Hussein Bani-Hani, Ahmad Sedaghat, Mashael AL-Shemmary, Adelah Hussain, Abdulmalek Alshaieb & Hamad Kakoli, "Viabilidade da recolha de energia em auto-estradas utilizando uma turbina eólica de eixo vertical" (2018).

[10] B. Nana · S. B. Yamgoué · R. Tchitnga · P. Woafo, "Nonlinear dynamics of a sinusoidally driven lever in repulsive magnetic fields" (2017).

[11] Aravind CV1, RajparthibanR2, Rajprasad R3, WongYV3," A Novel Magnetic Levitation Assisted Vertical Axis Wind Turbine-Design Procedure and Analysis", 2012 IEEE 8th International Colloquium on Signal Processing and its Applications.

[12] Jayanna Kanchikere, Professora da Secção de Eletricidade, Higher College of Technology, PB 74, PC 133, Mascate, Sultanato de Omã, "Aerodynamic Factors Affecting Wind Turbine Power Generation", International Journal of
Engineering Research & Technology (IJERT), Vol. 1 Issue 9, November- 2012.

[13] Sahishnu R. Shah a , Rakesh Kumar b,* , Kaamran Raahemifar a , Alan S. Fung b, "Design, modelação e desempenho económico de uma turbina eólica de eixo vertical", Energy Reports 4 (2018) 619-623.

[14] Natapol Korprasertsak* , Thananchai Leephakpreeda, "CFD-Based

Power Analysis on Low Speed Vertical Axis Wind Turbines with Wind Boosters", 2015 International Conference on Alternative Energy in Developing Countries and Emerging Economies.

[15] Arshil Ali Khan, Department of Mechanical Engineering, University Institute of Technology-RGPV, Bhopal, M.P., India, "STUDY OF IMPLEMENTATION OF MAGLEV TURBINE & SOLAR POWER FOR STREETLIGHTS", International Journal of Information Research and Review, novembro, 2017.

[16] Jing Liu1 | Lei Huang2 | Qiang Zhang3 | Jiming Chen3, "Characteristic analysis and optimisation of an asymmetric-primary axial-flux hybrid-excitation generator for verticalaxis wind turbines", IET Electric Power Applications.

[17] 1Nikam Lalit Uttamrao, 2Cholke Ajinkya Uttamrao, 3Dond Kiran Bhausaheb, 4Deore jitendra shravan, 5Asst. Prof. Jeevan R. Gaikwad, "DESIGN AND DEVELOPMENT OF MVAWT (Maglev Vertical Axis Wind Turbine)", 2018 IJCRT | Volume 6, Issue 1 March 2018 | ISSN: 2320-2882.

[18] B.Joga Rao1 , M.Raja2 , B.Venkata Ganesh3 , M.Rudrasekhar4 , K.Nilesh kumar5, "DESIGN AND FABRICATION OF MAGNETIC LEVITATING FRICTIONLESS VERTICAL WINDMILL", 2019 IJRAR março de 2019, Volume 6, Edição 1.

[19] Nitin Gupta) , Aashish Kumar2 , Sandeep Banerjee3 e Sumir Jha4, "Magnetically Levitated V A WT withClosed Loop Wind Speed Conditioning Guide Vanes", 1st IEEE International Conference on Power Electronics. Controlo Inteligente e Sistemas de Energia (ICPEICES-2016).

[20] Sudhamshu A.R., Manik Chandra Pandey, Nivedh Sunil, Satish N.S., Vivek Mugundhan, Ratna Kishore Velamati, "Numerical study of effect of

pitch angle on performance characteristics of a HAWT", Engineering Science and Technology, an International Journal 19 (2016) 632-641.

[21] B.Joga Rao1 , M.Raja2 , B.Venkata Ganesh3 , M.Rudrasekhar4 , K.Nilesh kumar5, "DESIGN AND FABRICATION OF MAGNETIC LEVITATING FRICTIONLESS VERTICAL WINDMILL", 2019 IJRAR março de 2019, Volume 6, Edição 1.

[22] B. Bittumon1 , Amith Raju2 , Harish Abraham Mammen3 , Abhy Thamby4 , Aby K Abraham5, "Design andAnalysis of Maglev Vertical Axis Wind Turbine", International Journal of Emerging Technology and Advanced Engineering, Volume 4, Issue 4, April 2014